深圳公园里的趣味植物

Interesting Plants in Shenzhen Parks

深圳市城市管理和综合执法局 著

中国林业出版社
China Forestry Publishing House

图书在版编目（ＣＩＰ）数据

深圳公园里的趣味植物 / 深圳市城市管理和综合执法局著. -- 北京：
中国林业出版社, 2020.10

ISBN 978-7-5219-0832-9

Ⅰ.①深… Ⅱ.①深… Ⅲ.①植物－普及读物

Ⅳ.①Q94-49

中国版本图书馆CIP数据核字(2020)第192344号

责任编辑：何增明　孙　瑶

出版发行：中国林业出版社

　　　　　（100009 北京西城区刘海胡同 7 号）

　　　　　http://www.forestry.gov.cn/lycb.html

电　　话：010-83143629

印　　刷：北京雅昌艺术印刷有限公司

版　　次：2020 年 11 月第 1 版

印　　次：2020 年 11 月第 1 次

开　　本：142mm×210mm

印　　张：9

字　　数：267 千字

定　　价：68.00 元

《深圳公园里的趣味植物》编委会

序言

开启了解植物世界的小窗口

　　植物是我们的邻居，是我们的朋友，是地球生态圈中的一个庞大群体，和我们人类的生存与生活息息相关，我们有必要熟悉了解它们。

　　我们生活环境中的每一个角落，都有各种各样的植物。它们为我们遮风挡雨、提供氧气、净化空气、提供食物、美化环境、维持生态平衡，是我们生存与生活的重要依赖。但我们未必真正了解它们，有许许多多的植物我们甚至连名字都叫不上。作为城市管理者尤其是园林绿化工作人员，每天都与植物打交道，应该比普通人更了解植物、更熟悉植物、更会利用植物，与植物和谐相处。

　　深圳市城市管理和综合执法局编辑的这本《深圳公园里的趣味植物》，筛选了140多种公园内常见的趣味园林植物，对其趣味特征和趣味知识点加以提炼，为市民朋友走进形形色色的植物世界、去探索植物世界的无穷奥秘，开启了一个小窗口。作为城市园林工作者，能站在服务市民的角度，为读者和游客提供这样一本图文并茂的科普读物，体现了"服务至上、精益求精"的精神和科学严谨、务实创新的职业操守。

　　深圳现有各类公园1206个，是名副其实的"公园里的深圳"，这些公园是市民休闲、娱乐、健身、赏景的重要场所。公园里的植物多姿多彩，有的根深叶茂，有的身微体小；有的长命百年，有的昙花一现。走进深圳的公园，如同走进妙趣横生的植物大观园。有的是植物名字趣，比如"鹅掌柴"；有的是花有趣，比如花像蝴蝶的"蓝蝴蝶""蝶花荚蒾"，像缤纷焰火一样的"烟火树"，像串串鞭炮的"炮仗花""爆仗竹"等；有的是果实有趣，比如果实像猫尾巴的"猫尾木"，像腊肠的"腊肠树"；还有的是形态有趣，如枝干像象腿的"象腿树"，像酒瓶的"酒瓶椰"，像鸟巢的"巢蕨"等。当游客徜徉在公园欣赏美景时，与形态各异的植物相遇如同老朋友相见，心情会更加愉悦。

万物并育，花语千园。在深圳经济特区建立40周年之际，这本《深圳公园里的趣味植物》是深圳城市管理者献给市民朋友的一个小礼物，它也是改革开放伟大成果的小见证。在先行示范区和粤港澳大湾区建设的引领下，深圳的公园一定会越来越多、越来越美，深圳的明天一定会越来越好、越来越精彩，让我们一起共同期待！

王国宾

深圳市城市管理和综合执法局　局长

目录

3. 奇花异蕊

4. 果然有趣

7. "十二生肖"

8．仙界来客

1

草木有名

混乱的植物名字

就像每个人都有自己的名字一样，自然界中的每一种植物也都有自己的名字。

但是，世界实在太大了，同一种植物，在不同的地区，甚至不同的年代，很可能有不同的名字。

比如我们熟悉的木棉（*Bambax ceiba*），根据资料的记载，不同时期和不同地方有不同的叫法。

晋《西京杂记》记载：西汉时，南越王赵佗向汉帝进贡烽火树，"高一丈二尺，一本三柯，至夜光景欲燃"，此烽火树就是木棉树。唐代《南史》记载为古贝；宋代《番禺杂记》记载为木棉树；明朝的《本草纲目》用的也是木棉的名字，并提到班枝花、古贝为木棉的别名。

我是明朝的李时珍，
我把它叫作木棉。

李时珍

我叫什么?

我有这么多的名字!

木棉在不同的地区有不同的叫法：在广东，木棉叫红棉、英雄树；在云南，叫攀枝花；在台湾，叫斑芝棉、斑芝树；在福建，叫攀枝。

福建
攀枝

台湾
斑芝棉
斑芝树

云南
攀枝花

广东
红棉
英雄树

其实，还有其他更多叫法，如：莫连、红茉莉、木绵、斑芒树和珊瑚树等。

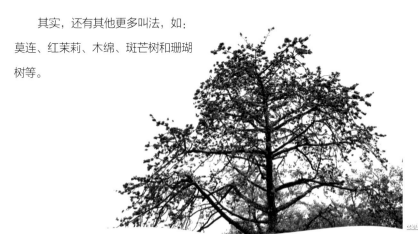

同一个名字，在不同的地方、不同的时期，也很可能是指不同的植物。

金凤花，大家觉得这是指什么植物呢？

它有可能是乔木凤凰木（*Delonix regia*，又名火凤凰、金凤花、红楹、火树、红花楹、凤凰花），也有可能是灌木金凤花（*Caesalpinia pulcherrima*，又名黄蝴蝶、洋金凤）。

我是金凤花

我也是金凤花

我是乔木

我是灌木

无论是在国内，还是在国外，如果要明确地指出这种植物，就必须要有统一的命名标准，这就是植物的双名法。

双名法

什么是双名法？这是瑞典植物学家林奈提出的命名方式：每个物种的学名由两部分组成，第一部分是属名，第二部分是种加词，种加词后面再加上命名人和命名时间。通常情况下，命名人和命名时间可以省略。

例：榕树的学名

Ficus | *microcarpa* | L. f.

属名　　　　　　种加词　　　　　命名人的名字

斜体　　　　　　斜体

您对植物学的贡献太大，

还需要请您露个脸。

林奈

小知识

《国际藻类、菌物和植物命名法规》每隔6年修订一次。

2017年7月，第19届国际植物学大会在深圳成功召开，经专题会议讨论和表决，形成了新版的法规，简称"深圳法规"。

天姿
卓叶

2

什么是叶

叶是植物利用光能进行光合作用的主要器官。

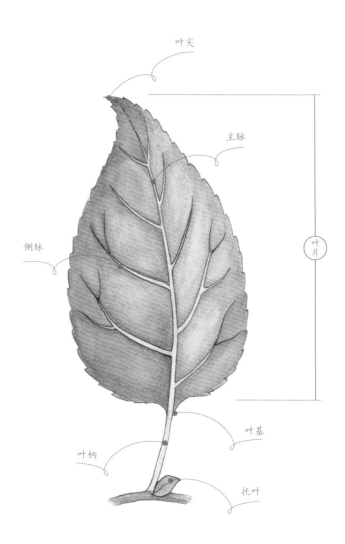

叶尖

主脉

侧脉

叶片

叶基

叶柄

托叶

1 功能

叶的主要功能是利用光能进行光合作用，把二氧化碳（CO_2)和水(H_2O)合成有机物质、糖分等，给植物提供营养并释放氧气(O_2)。

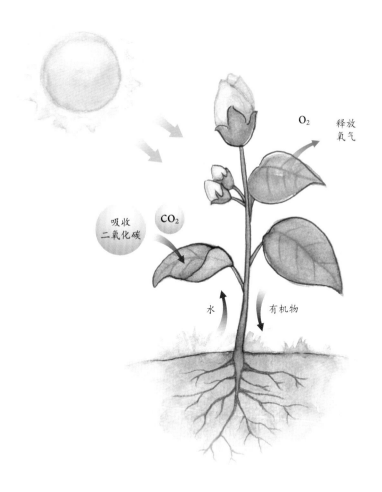

2 形状

　　叶的形状很多变，在公园里捡几片落叶，对照下图，会是什么形状的叶子呢？

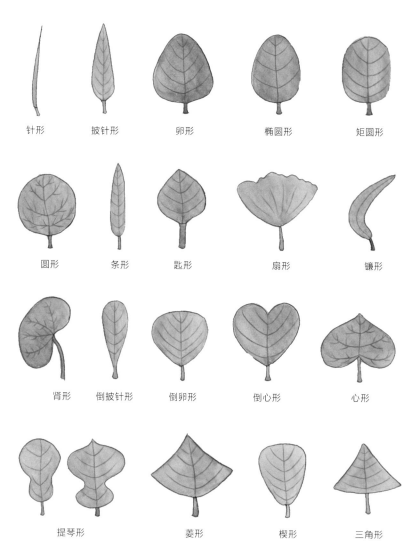

针形　　披针形　　卵形　　椭圆形　　矩圆形

圆形　　条形　　匙形　　扇形　　镰形

肾形　　倒披针形　　倒卵形　　倒心形　　心形

提琴形　　菱形　　楔形　　三角形

叶分为单叶和复叶。

单叶　　　　　　单身复叶　　　　　羽状复叶　　　　掌状复叶

单叶是指一个叶柄上有一片单独的叶，这是我们生活中最常见的形态。

复叶是指一个叶柄上有二至多枚分离的小叶。复叶的叶柄称为总叶柄，每一片小叶的叶柄称为小叶柄。

单叶

大琴叶榕

单身复叶

柚子

羽状复叶

凤凰木

掌状复叶

鸭脚木

叶上的奇怪形态

有的叶子上，生长着一些奇怪的东西，
比如：刺、毛被，有的叶子上甚至会开花结果。

两面针 | *Zanthoxylum nitidum*

两面针牙膏，
大家都知道了，
但真正的两面针植物原来
长这样子。

在深圳的郊野公园中可以看到一种叶面中脉两面均有弯钩锐刺的植物，这就是两面针。

摘下一片叶子，轻轻一揉，便可闻到一股类似花椒的味道，这是因为两面针是芸香科花椒属大家族的一员。

叶子有刺，
枝上带刺，
杆上也是刺，
我已经武装到牙齿了~

叶上珠 | *Helwingia japonica*

　　叶上开花结果的现象在植物中很少见吧，叶上珠就属于其中的一种，它的花常着生于叶片的中脉上，花谢后，中脉上长出成熟的小果子，犹如黑珍珠一般。

这样的叶子是不是很神奇？
上面居然可以开花结果。

花

果

有上就有下，叶下珠出场了。

纤梗叶下珠 | *Phyllanthus tenellus*

有叶上珠，还有叶下珠。不过叶下珠的果实可不是长在叶脉上，而是长在叶腋内。

海南叶下珠 ｜ *Phyllanthus hainanensis*

小知识

余甘子和叶下珠是近缘植物，果实也是长在叶腋内。

余甘子 ｜ *Phyllanthus emblica*

五颜六色的叶

　　叶子是绿色的，这似乎是常识。可植物的叶子却并不只有绿色。公园里的园艺师们将不同颜色叶子的植物组合种植，形成多彩花境。

芙蓉菊
Crossostephium chinensis

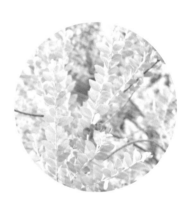

红花玉芙蓉
Leucophylum frutescens

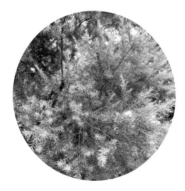

黄金香柳
Melaleuca bracteata 'Revolution Gold'

花叶万年青
Rohdea japonica 'Variegata'

花叶假连翘
Duranta erecta 'Variegata'

龙血树
Dracaena draco

金边万年麻
Furcraea selloa 'Marginata'

艳山姜
Alpinia zerumbet

金脉爵床
Sanchezia speciosa

洒金变叶木
Codiaeum variegatum 'Aucbifolium'

合果芋
Syngonium podophyllum

雪花木
Breynia nivosa

花叶络石
Trachelospermum jasminoides 'Variegatum'

花叶芋
Caladium bicolor

孔雀竹芋
Calathea makoyana

红背桂
Excoecaria cochinchinensis

蚌壳花
Tradescantia spathacea

吊竹梅
Tradescantia zebrina

红花檵木
Loropetalum chinense var. *rubrum*

波斯红草
Strobilanthes auriculata var. *dyeriana*

朱蕉
Cordyline fruticosa

三色千年木
Dracaena marginata 'Tricolor'

变叶木
Codiaeum variegatum

网纹草
Fittonia verschaffeltii

紫背竹芋
Stromanthe sanguinea

三色苋
Amaranthus tricolor

紫锦木
Euphorbia cotinifolia

彩叶草
Plectranthus scutellarioides

"伪装成动物"的叶

羊蹄甲 | *Bauhinia* spp.

羊蹄甲在公园中很常见，它的叶形很像羊蹄。

公园里有多少种颜色的羊蹄甲?

我们一起来找找看吧!

首冠藤 | *Bauhinia corymbosa*

除了乔木外，也可以看到叶片像羊蹄的藤本植物，如首冠藤。

笔架山公园山顶就有成片的首冠藤，花期犹如一片彩云。

笔架山公园里的首冠藤

龟背竹 | *Monstera deliciosa*

龟背竹的叶形像乌龟的背壳，叶上常见圆圆的小孔。

是不是和我的壳长的很像！

小知识

龟背竹上的孔是模仿被害虫啃食后的叶洞，害虫发现有孔后，会以为同伴已经到过这里，而另寻找其他叶子。

春羽和龟背竹的形态比较相似，因此大家常误把春羽当龟背竹。那如何区分它们呢？龟背竹叶边缘是羽状分裂，叶脉间有孔洞，春羽则为羽状深裂。简而言之，龟背竹叶片有孔洞，春羽无孔洞。

春羽 | *Philodendron bipinnatifidum*

春羽的老茎上密布叶脱落时留下的扁圆形叶痕，这种现象在很多植物上都有。

叶痕

龟背竹会爬墙、爬树，这是一只会上天的"乌龟"。

狐尾椰 | *Wodyetia bifurcata*

　　狐尾椰叶的羽状裂片螺旋排列于叶轴，向外呈放射状蓬松，毛茸茸的，酷似狐狸的尾巴。

　　谁能想到这一条"狐狸尾巴"是一片叶呢？

莲花山公园里的狐尾椰

小知识

　　狐尾椰的果实成熟后，将果肉去掉后，里面的硬质内果皮会氧化成黑色，表面形如千丝缠绕，又叫作千丝菩提。

狐尾椰 ｜ *Wodyetia bifurcata*

狐尾天门冬 | *Asparagus densiflorus* 'Myersii'

狐尾天门冬密集的叶状枝排列在茎干上，形似蓬松的狐狸尾巴。我们看到的"枝叶"其实是它的"小枝"，而它真正的叶退化成很小的鳞片状，着生于叶状枝的基部。

花

果

二歧鹿角蕨 | *Platycerium bifurcatum*

　　二歧鹿角蕨的叶片很像鹿角，是观赏蕨中姿态奇特的一类。它生长在热带雨林中，一般附生在树干上。

　　二歧鹿角蕨的叶是二型叶，我们看到鹿角一样的叶子是可繁殖的能育叶，叶基部为不育叶，一般呈扇形、椭圆形或圆形，紧紧包裹着树干。

能育叶

是不是很像
鹿的角?

营养叶（腐殖叶）

干枯的不育叶

二歧鹿角蕨的不育叶，会干枯变为褐色，覆盖于植株基部长期存在，呈鸟巢状或篮子状，具有保水作用，可以保护根状茎及根免受干旱的威胁，同时，这种结构可以积聚腐殖质，释放养分供二歧鹿角蕨生长。

在公园里还可以看到像鸟巢一样的蕨类植物。

巢蕨 | *Asplenium nidus*

鹅掌藤 | *Schefflera arboricola*

有一种植物，它的叶子像鹅的脚掌，这就是鹅掌藤。

这双脚丫，
一直被模仿，
从未被超越。

果

尾叶鹅掌柴
Brassaiopsis producta

斑叶鹅掌藤
Schefflera arboricola 'Variegata'

鸭脚木 | *Schefflera heptaphylla*

除了鹅掌藤，在郊野公园还能见到叶子像鸭脚的乔木，它就是鸭脚木。

鸭脚木在冬季和早春开花，走近就能闻到清新的香味，它是很好的蜜源植物，会吸引蜜蜂、蝴蝶。深圳出产的冬蜜，很多就是鸭脚木蜜。

澳洲鸭脚木 | *Schefflera actinophylla*

公园里还可以看到像鸭脚的小乔木，它就是来自澳大利亚的澳洲鸭脚木。

因其叶片阔大、柔软下垂，形似伞状，又称大叶伞。澳洲鸭脚木开着火红的花，也是很好的蜜源植物。

澳洲鸭脚木的花

　　是不是感觉就算你都认识这三种植物，也很难准确地告诉朋友，所以说拉丁名是多么的重要。

鹅掌藤

Schefflera arboricola

鸭脚木（鹅掌柴）

Schefflera heptaphylla

澳洲鸭脚木

Schefflera actinophylla

"自带佩剑"的植物

戟叶鸡蛋花 | *Plumeria pudica*

有一种鸡蛋花，叶片像中国的古代兵器——戟，它就是戟叶鸡蛋花。

走在公园里，
一不小心就有可能看到
这样的"上古兵器"。

鸡蛋花有很多种颜色，可以在公园找找看。

剑麻 | *Agave sisalana*

剑麻的肉质叶挺直，外形像剑，非常霸气。

除剑麻外，金边万年麻的叶片也像剑，其叶片肥厚，边缘呈金黄色，有密的细齿，开花时候非常壮观，花序可高达4米。

小知识

剑麻叶内含丰富的纤维，有质地坚韧、富有弹性、拉力强、耐海水浸、耐摩擦、耐酸碱、耐腐蚀、不易打滑的特点，是制作绳索、帆布、防水布等的上好原材料。

别看我平时个头不高，
等我要开花的时候，
那是蹭蹭地往上长。

金边万年麻 | *Furcraea selloa 'Marginata'*

叶像生活中的它

风车草 | *Cyperus involucratus*

　　风车草喜欢生长在水边，花序的总苞片特别长，像叶子一样，十几枚总苞片螺旋排列，从正面看像个风车。

琴叶榕 | *Ficus pandurata*

公园里还能发现一把把绿色的"小提琴"，这就是琴叶榕的叶子。

自然之音，自然之形。

大琴叶榕 | *Ficus lyrata*

　　除了"小提琴植物"，还有一种叶形像大提琴的植物，常在花境中应用。

她手上拉的是什么，
怎么这么像我？

除了像大提琴外，
是不是也像铁扇公主
手里的芭蕉扇？

深圳国际园林花卉博览园里的大琴叶榕

果

蒲葵 | *Livistona chinensis*

蒲葵叶阔肾状扇形，掌状深裂至中部，裂片线状披针形。善于发明创造的人们，利用了这个特点，把蒲葵叶风干后，简单加个外框做成扇子，在没有电风扇和空调的年月里，它是一把很好的家常降温必备佳品。

深圳国际园林花卉博览园里的蒲葵

果

"孤舟蓑笠翁，独钓寒江雪"中的"蓑"就是用蒲葵等棕榈科植物的叶鞘加工成的蓑衣。这种雨具在我国传统农耕时代非常流行。

叶鞘

叶中巨无霸

霸王棕 | *Bismarckia nobilis*

公园里面有些非常霸气的植物，比如这种长着巨大灰白色叶子的棕榈。这种霸气还体现在它的学名中，bismarckia 来自于德国的"铁血宰相"俾斯麦（Bismarck）。

在原产地马达加斯加，当地人常用它的叶子搭建屋顶，还可以做成篮子等生活用品，是非常实用的植物。

中心公园里的霸王棕

贝叶棕 | *Corypha umbraculifera*

公园里有一种棕榈科植物——贝叶棕，巨大的叶子犹如砗磲。西双版纳地区的傣族，也用贝叶棕的叶作为书写材料。

　　将贝叶棕的叶子剪成条
状，再压平、水煮、晒干，然
后就可以装订成册，在上面刻
写文字。在热带地区，贝叶比
纸张更易于保存。

3

奇花悲
异心

花的组成

花是由什么组成的呢?

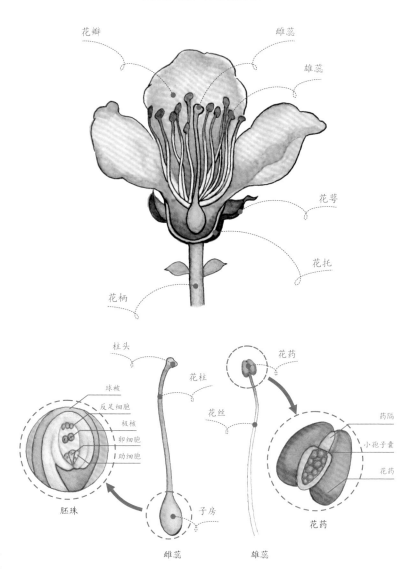

花瓣　雌蕊　雄蕊　花萼　花托　花柄

柱头　花柱　花丝　花药
珠被　反足细胞　极核　卵细胞　助细胞
胚珠　子房　雌蕊
药隔　小孢子囊　花药　雄蕊

真花还是假花

大家看到的花，是一朵完整的花吗？
或者说，它最漂亮的部分，是花瓣吗？

簕杜鹃 | *Bougainvillea spectabilis*

簕杜鹃也叫叶子花，是深圳市的市花，在公园中常见，深受市民的喜爱。簕杜鹃最艳丽的部分是它的苞片。

簕杜鹃根据其拉丁名"*Bougainvillea*"音译，又称宝巾花。

小知识

深圳莲花山公园每年举办簕杜鹃花展。至今已成功举办了21届。

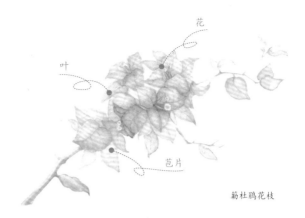

花

叶

苞片

勒杜鹃花枝

勒杜鹃品种极多，一般按其苞片的颜色、叶色、枝条形态等特征分类，花有紫色、茄色、红色、艳红色、粉红色、宫粉色等多种颜色，叶有斑叶、金边、银边、洒金等不同类型，还有单瓣、重瓣，软枝、硬枝及小叶、小花之分。莲花山公园引种栽培的勒杜鹃品种已达到80多种。

莲花山公园里的勒杜鹃苗圃

莲花山公园里的勒杜鹃品种

莲花山公园里的勒杜鹃品种

蓝花藤 | *Petrea volubilis*

未见其花，先见"花"开，说的就是蓝花藤。

蓝花藤"花期"初现时，我们看到的淡蓝色星状结构并不是它的花，而是它的花萼，随着时间推移，中间5片深蓝花瓣逐渐展开，花瓣和花萼上下交错，十分美丽。花谢后，花萼不会脱落，仍具有较高的观赏价值。

蓝花藤的花色也会发生变化，从最初的蓝紫色，逐渐变成蓝色、浅蓝色，最后褪色变成白色。

花瓣

花萼

粉叶金花 | *Mussaenda 'Alicia'*

　　粉叶金花肥大的苞片通常会让人误以为是它的花，其实它真正的花是中间这一朵金黄色小花。

大多粉叶金花都是花冠五裂片，
偶尔还能发现四裂片。

花冠五裂片

花冠四裂片

深圳公园也有本土的玉叶金花分布，它的"花瓣"是白玉的颜色，常见的还有红纸扇。

玉叶金花 | *Mussaenda pubescens*

红纸扇 | *Mussaenda erythrophylla*

红掌 | *Anthurium andraeanum*

红掌也叫花烛，源于花的形态犹如一支小蜡烛。

这片红色的"花"是什么呢？其实是它的苞片。

苞片

肉穗花序

这"黄色柱子"
是花

这个苞片也被叫做佛焰苞，中间黄色的"小蜡烛"是它的肉穗花序。

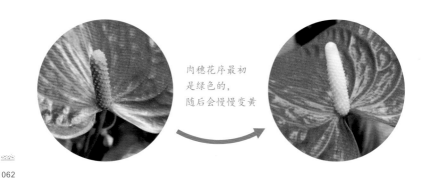

肉穗花序最初
是绿色的，
随后会慢慢变黄

其他不同颜色苞片的品种。

一朵花还是一堆花

有时候，我们看到的一朵花，
并不仅仅只有一朵。

菊花 | *Dendranthema morifolium*

日常我们看到菊的花实际上是它的头状花序，并不是一朵花而是一堆花的组合。大家看到的花序外缘一圈是舌状花，中间为两性的管状花。舌状花形态多样，不同的菊花品种其舌状花呈现不同的形态。

取一朵菊花剖开，我们会发现，它是由许许多多的小花组合而成的。

深圳各公园均有菊花种植。东湖公园每年秋冬季举办菊花展，已经成功举办35届。

东湖公园菊花展的菊花品种

无花果 | *Ficus carica*

　　无花果不是真的"无花"，它的花隐藏在"果实"里面，在植物学上称为隐头花序。

　　把"果实"切开，会发现里面有密密麻麻的小花。

榕小蜂

榕小蜂帮忙授粉

花序

无花果的果

花的颜色会变吗

牵牛 | *Ipomoea nil*

牵牛的花十分像喇叭，故又称喇叭花。

牵牛花有一个特点，会变换颜色，源于牵牛花体内的花青素在不同酸、碱性土壤环境中种植，花朵会呈现不同的颜色。

小知识

牵牛花不但本身可以变色，而且可以作为酸碱指示剂。在中学化学实验教学用书中有记录，牵牛花花瓣浸出液遇酸显红色，遇碱显蓝色。

绣球 | *Hydrangea macrophylla*

绣球的名字带有"抛绣球"的意思。

绣球品种很多，颜色也丰富，部分品种花的直径可达40厘米。

木芙蓉 | *Hibiscus mutabilis*

　　木芙蓉在我国很早就被作为园林观赏植物。它还有个优雅的名字叫
"三醉芙蓉"。

　　木芙蓉的花瓣在不同的时间会呈现不同的颜色。刚刚开放时，花瓣是
白色的，随着时间推移，逐渐变成粉红色，最后变成艳丽的红色。

塘朗山郊野公园里的木芙蓉

中午

早上

下午

"晓妆如玉暮如霞"

喜庆之花

我们去公园看"鞭炮"吧~

炮仗花 | *Pyrostegia venusta*

炮仗花盛开着成串的橙红色花朵，状如一串串鞭炮，故有炮仗花之称。

炮仗花的藤上有一条条的卷须，它们靠这些卷须四处缠绕，攀援能力非常强。炮仗花喜光、耐旱、生长速度快，在很短时间里就能把一堵墙爬满！看过去犹如一片"花瀑布"。

香蜜公园里的炮仗花

大鹏半岛国家地质公园里的炮仗花

爆仗竹 | *Russelia equisetiformis*

爆仗竹的花朵宛如一个个小号的爆竹，鲜艳的红色外衣更让人联想起一点就能爆燃的鞭炮。

爆仗竹的叶子在哪里呢？我们仔细观察就会发现，枝条上有小的线形突起，看起来像一片片小鳞片，那就是它退化的叶。

小知识

爆仗竹来自炎热干旱的墨西哥，为了适应当地环境，避免叶子蒸发大量水分，叶片不断演化变小，直到变成鳞状叶。

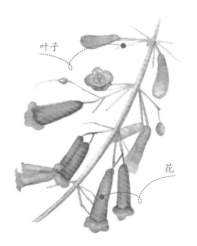

叶子

花

烟火树 | *Clerodendrum quadriloculare*

每年春节来临之际，公园里的烟火树相继开放，一簇簇、一团团，艳丽无比。它的花冠紫红色，先端4~5裂，形似炸开的"烟花"。

我就是我，
是不一样的"烟火"。

紫红色的花在墨绿色的叶片衬托下
更显绚丽。有兴趣的朋友，可以把它的
叶片翻过来，看看它背面是什么颜色？

深圳国际园林花卉博览园里的烟火树

圣诞红 | *Euphorbia pulcherrima*

圣诞红因其在圣诞节期间开花而得名。国外在圣诞节时会摆放这种绿植做装饰，类似国内的年花。圣诞红最鲜艳的部分不是它的花瓣，而是它朱红色的苞片。

人才公园用圣诞红营造的公园名称

花

苞片

叶

"花灯"

吊灯花 | *Hibiscus schizopetalus*

　　吊灯花红色的深细裂花瓣犹如流苏，向上反曲，它的雄蕊柱长长地垂下来，花形似优雅而古典的吊灯。

大家可以找找看，公园里常见的朱槿是不是具有与吊灯花相似的雄蕊柱呢？

朱槿 | *Hibiscus rosa-sinensis*

雄蕊柱：雄蕊的多数，连合成一管称雄蕊柱。

金铃花 | *Abutilon pictum*

金铃花花钟形，橘黄色，花瓣上布满了清晰可见的紫红色脉纹，花蕊和花柱较长，伸出花冠之外，整花如垂吊着的金铃而得名。

金铃花的花柄细长，花蕾初开是向上的，随着花蕾的不断长大、加重，细长柔弱的花柄支撑不住着它的重量，变得特别低垂。金铃花单独一朵优雅地悬挂着，且总是低着头，怕羞般躲在矮矮的灌木中，给世人留下一种"孤芳自赏"的印象。

　　金铃花的花形始终保持着钟形，它不会像其他植物的花朵一样完全地盛开。

小知识

　　非洲芙蓉，又称吊芙蓉，花序下垂。

非洲芙蓉 ｜ *Dombeya acutangula*

像铃铛的花

风铃草 | *Campanula medium*

风铃草的花冠像一个个小铃铛。

吊钟花 | *Enkianthus quinqueflorus*

　　春节时，深圳东部森林郊野公园里的吊钟花盛开，有红色、粉红色、白色，它们宛如挂在树枝上的一串串小铃铛，形成一道亮丽的风景。

齿缘吊钟花在深圳也有分布。它的"小铃铛"是白色的，体型娇小，圆润。当然，从它的名字就可以看出来（叶的边缘具有细锯齿）。

齿缘吊钟花 | *Enkianthus serrulatus*

小知识

吊钟花是华南地区著名传统年花。

黄花风铃木 | *Handroanthus chrysanthus*

深圳公园的早春，黄花风铃木开始盛开，热烈而奔放。因为它是"先开花，后长叶"的植物，在没有绿叶的情况下，看起来更为显眼、艳丽。

黄花风铃木先花后叶，开花后满树金黄。

笔架山公园里的黄花风铃木

风铃木除了黄色花种类，还有粉红色、紫红色。

紫花风铃木 | *Handroanthus impetiginosus*

银鳞风铃木 | *Tabebuia aurea*

像鸟儿的花

禾雀花 | *Mucuna birdwoodiana*

禾雀花的花是蝶形花，其旗瓣宽卵形，翼瓣倒卵状长圆形，龙骨瓣顶端弯曲呈喙形，形似小鸟。

禾雀花在阳台山、梅林山、梧桐山和七娘山等都有分布。每到花开的季节，漫步在深圳郊野公园，我们可以看到停留在森林藤蔓间的一群群"小鸟"。

你们看他们像不像
一只一只的小鸟呀~

禾雀花有不少家族亲戚，如粉红色的、紫色的，甚至还有一种是碧绿色的。

大果油麻藤 | *Mucuna macrocarpa*

小知识

禾雀花又名白花油麻藤，把它的种子切
开，涂在白纸上，会发现白纸上有油渍。

鹤望兰 | *Strelitzia reginae*

鹤望兰花形美丽，形似一只在瞭望远方的仙鹤。

花序底部下托绿色的船形佛焰苞，它的萼片橙黄色，像一只飞翔的小鸟，所以又叫天堂鸟。

船形佛焰苞

大鹤望兰 | *Strelitzia nicolai*

公园里还有植株高大的大鹤望兰。

在梅林公园的溪谷区，顺溪拾阶而上，不经意间就能欣赏到开着白花的大鹤望兰。

梅林公园里的大鹤望兰

小天堂鸟 | *Heliconia subulata*

这种小天堂鸟一般是指黄蝎尾蕉。

夏季，在荔枝公园的寄趣园东面，竹林中的小亭子周围很容易找到开花的小天堂鸟，相比鹤望兰，小天堂鸟明显纤细很多。

荔枝公园里的小天堂鸟

红鹤蝎尾蕉 | *Heliconia latispatha* 'Red Gyro'

鹤顶兰 | *Phaius tancarvilleae*

鹤顶兰的白色萼片形似仙鹤的翅膀，翅膀下面的暗紫色喇叭状唇瓣像仙鹤的尾部，遥看过去就像一群仙鹤在绿荫间飞翔，颇为壮观。

小知识

如果想好好看看它的真容，那么大家就要去深圳东部的郊野公园找找了，梧桐山、马峦山、大鹏半岛的溪流边，潮湿的林下有分布。

鹰爪花 | *Artabotrys hexapetalus*

鹰爪花的花像鹰的爪子，且含有芳香油，是常用来制作香水的原料。

等我长着长着，
变黄了，
那时更像鹰爪。

深圳郊野公园还有假鹰爪分布，花形也似鹰爪。相比鹰爪花，假鹰爪的花瓣更为轻薄、无肉质感。

假鹰爪 | *Desmos chinensis*

当然如果它们结果了，就非常容易辨认了，鹰爪花的果是多个聚生在果托上，假鹰爪的果是呈念珠状聚生。

鹰爪花的果　　　　　　　　　假鹰爪的果

像蝴蝶的花

蝴蝶兰 | *Phalaenopsis aphrodite*

蝴蝶兰的花从叶腋中抽出，远看像一只只飞舞的蝴蝶。

蝴蝶兰栽培品种众多，花色丰富。

不同品种的蝴蝶兰

蓝蝴蝶 | *Rotheca myricoides*

蓝蝴蝶的花很精致，花冠
两侧对称，形状酷似蝴蝶。

不是"A货"
也算高仿
真的很像蝴蝶

蝶花荚蒾 | *Viburnum hanceanum*

蝶花荚蒾开花之时犹如许多白蝴蝶在空中飞舞。外围白色像蝴蝶一样的花是不育花,中间黄白色的花是可育花。

本种为华南地区乡土植物,花色清秀,花量巨大。

醉蝶花 | *Cleome houtteana*

醉蝶花，花粉红色，是良好的
蜜源植物。

蜜不醉蝶，蝶自醉。

花与动物结缘

狗尾红 | *Acalypha hispida*

这种植物为什么被称为狗尾红呢？因为它长长的、红红的花穗，微微下垂，犹如小狗的尾巴，姿态可爱，十分有趣。

猫须草 | *Orthosiphon spicatus*

猫须草的花蕊酷似猫的胡须。风吹过，花蕊微微抖动，犹如一只调皮的小猫从草丛中探出脑袋。

猫须草也叫做肾茶，它的地上部分可入药。

老虎须 | *Tacca chantrieri*

老虎须的花呈紫褐色，整个花序看上去像老虎的面孔，非常奇特。

还有见过或认识的其他紫褐色花卉吗？

狗牙花 | *Tabernaemontana divaricata*

狗牙花是公园里常见的灌木，花色洁白，散发出浓烈的香味。

狗牙花有单瓣、重瓣两种，其中单瓣的花非常像栀子花，其与栀子花不同的是栀子花中间有一个粗大的花柱。

单瓣狗牙花

栀子花 | *Gardenia jasminoides*

重瓣狗牙花

金嘴蝎尾蕉 | *Heliconia rostrata*

在深圳公园可见到蝎尾蕉类植物，其花序如下垂的蝎子尾巴，其中最漂亮的是金嘴蝎尾蕉。

小知识

花苞片顶部金黄色，花序细长下弯，形似蝎尾，因此得名金嘴蝎尾蕉。

花卉"河海鲜"

虾衣花 | *Justicia brandegeeana*

层层叠叠的苞片犹如虾壳，最末端的小白花才是它真正的花。

花

苞片

虾衣花是红的"虾"，
我就是黄色的"虾"了，
人们叫我黄虾花。

黄虾花 │ *Pachystachys lutea*

虾仔花 | *Woodfordia fruticosa*

在深绿色的灌木上，长着成排的红色"小虾米"，细看还能发现几根"虾须"在上面，这就是虾仔花。

小知识

虾仔花是引鸟植物。开花时期，吸引公园里面的红耳鹎、白头鹎、叉尾太阳鸟等鸟类前来啄食。

红耳鹎在啄食

金鱼吊兰 | *Nematanthus wettsteinii*

金鱼吊兰又叫"金鱼花"，它的花朵犹如一只橙色的金鱼，硕大的肚子、小巧的嘴唇惟妙惟肖，特别是花朵悬吊在空中，犹如在空气中游泳一般。

这条"鱼"可以上树。

金鱼草 | *Antirrhinum majus*

除了金鱼吊兰，还有一种陆地上的"金鱼"——金鱼草。金鱼草花色众多，常被应用在花境中，五颜六色的花随风飘摇，十分美丽。

金鱼草非常受蝴蝶的喜爱，很容易在金鱼草上拍到各种各样的蝴蝶。

朱红金鱼草 | *Antirrhinum majus* 'Kim Orange'

其他有趣的花

红绒球 | *Calliandra haematocephala*

红色毛球，就是开花期间红绒球给人的观感。

红绒球也是蜜源植物，有时会见到暗绿绣眼鸟把整个脑袋都埋进毛球里面，画面非常带有喜感。

大家观赏时，要小心从"毛球"里面突然飞出的蜜蜂。

花蕾

暗绿绣眼鸟吸食蜂蜜

球兰 | *Hoya carnosa*

　　球兰的球状花序像一个小球，仔细看，每一朵小花犹如陶瓷艺术品一般，精致而小巧，且有光泽。

　　球兰的茎和叶是肉质的，茎上有不定根，所以园艺工作者在开展育苗工作时，通常把枝条截成小段用来扦插繁殖。

跳舞兰 | *Oncidium hybridum*

跳舞兰犹如一个个穿着黄色纱裙的"舞者"。

它也被叫做文心兰，或者舞女兰。最常见的是金黄色，也有洋红、粉红的品种。

园林中的"舞者"，
灵动的"精灵"。

米仔兰 | *Aglaia odorata*

像小米一样的花朵。

米仔兰的黄色花非常小，像小米和鱼子，因此称作米仔兰或鱼子兰。
花开时，醇香四溢，沁人心脾。

四季米仔兰 | *Aglaia duperreana*

乒乓菊 | *Dendranthema morifolium* 'Pompon'

乒乓菊拉丁名中Pompon意思是
"绒球",其圆形的头状花序像乒乓球,
是菊科菊属的一类栽培品种,有
紫红色、橙色、粉色、绿色等
多种花色。

硬叶兜兰 | *Paphiopedilum micranthum*

近年来，犹如带着一个大袋子的兜兰也出现在公园花境里。

兜兰的英文名是lady's slipper orchid，意思是女士拖鞋兰，看看它唇瓣，确实颇为相似。

美丽的绣花拖鞋……

这是谁家姑娘留落在草地上的？

硬叶兜兰 | *Paphiopedilum micranthum*

兜兰是有名的园艺品种，我国的兜兰种类非常丰富，根据文献记载，我国兜兰属植物有80多种。

红千层 | *Callistemon rigidus*

红千层也叫瓶刷树，花期犹如悬挂着一把把红色瓶刷。

像不像洗杯子
的刷子？

小知识

它的花也富含花蜜，时常有蜂类、鸟类"挂"在上面吃吃喝喝。如果是在蜜蜂多的公园，整棵树在花期都会"嗡嗡"作响。

垂枝红千层 | *Callistemon viminalis*

金杯花 | *Solandra grandiflora*

在公园里面，如果运气好，会见到长出"金色奖杯"的藤本，这就是金杯花。

大花结小果

帽子花 | *Holmskioldia sanguinea*

帽子花又叫冬红。"冬天的红帽子"，
当看到冬红的时候就是这种感觉。它的
花有着长长的花冠管，鸟类可通过
花冠管取食花蜜。

梅林公园登山道边的冬红，到了花期，吸引叉尾太阳鸟、暗绿绣眼
鸟等鸟类采蜜。这里也成为鸟类摄影者的打卡点。

口红花 | *Aeschynanthus pulcher*

　　肉质的小藤本上，长出一管管鲜红色的"小口红"，这就是苦苣苔科的口红花。

这款纯天然的
"口红"你还满意吗？

花未张开的时候更像口红

曼陀罗 | *Datura stramonium*

曼陀罗是武侠小说中演绎带有传奇色彩的植物，它的花通常在夜间开放。

果

大花木曼陀罗 | *Brugmansia suaveolens*

地涌金莲 | *Musella lasiocarpa*

　　地涌金莲开花时，犹如一朵朵巨大的金黄色花从地面喷涌而出。它与芭蕉、香蕉有亲缘关系，花序一个向上，一个向下。

芭蕉果

芭蕉花

倒转过来
是不是有几分神似？

中国无忧花 | *Saraca dives*

中国无忧花的花序大，盛花期，满树橙黄色的花犹如一团团火焰。

果

嫩叶紫红色，下垂，仿佛袈
裟一样。

火焰木 | *Spathodea campanulata*

公园内还有一种花似火焰的
植物，就是火焰木。

火焰木的种子有翅，可以
借助风力实现种子的传播。

4

果然趣有

果实的结构

果皮包裹着种子就形成了果实。我们可以找一个桃子来做示范，切开里面是这样的：果皮、种子。

大家一定会惊奇地感叹道："啊！我们平时吃的果肉，也是果皮的一部分呀"。我们平时吃的桃的"果肉"，其实就是它的中果皮。最外侧密被短柔毛是外果皮，被果肉包围的硬"核"是内果皮。把内果皮砸开，里面的桃仁才是桃的种子。

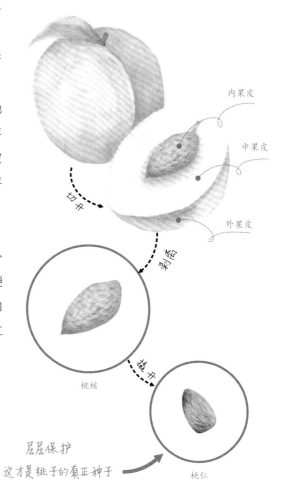

哪个才是桃子真正的种子部分呢？

内果皮

中果皮

切开

外果皮

剥离

桃核

砸开

层层保护
这才是桃子的真正种子

桃仁

果实的分类

浆果

剥开皮后果肉水分很多的果实。

如：蒲桃、文定果、桃金娘、莲雾

核果

有坚硬的内果皮保护着种子的果实。

如：桃、铁冬青、狐尾椰

聚花果

是由一个花序上所有的花和花序轴共同发育而成的果实。

如：无花果、面包树、棱果榕

荚果

果荚包裹的种子。

如：羊蹄甲、凤凰木、腊肠树

坚果

果皮非常坚硬，要重击破壳才能拿出来种子的果实。

如：青冈

翅果

果皮扁扁的，外形像长了翅膀的果实。

如：槭树

瘦果

小型、干燥、果皮坚硬的果实，只含一粒种子，果皮与种皮容易分离。

如：向日葵

蒴果

会自己"裂开"的干果，形状多样。深圳公园里面有很多植物都是这种果实。

如：大花紫薇

蓇葖果

会自己"裂开"的干果，但是相比蒴果，一个果实上面只有一条裂缝。

如：白兰

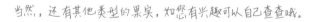

当然，还有其他类型的果实，如您有兴趣可以自己查查哦。

树上"百果园"

吊瓜树 | *Kigelia africana*

有些树上会吊着一个个棕色的长瓜，看起来又干又硬，用手拍一下会"嘭嘭"响，这就是有趣的吊瓜树了！

吊瓜树来自热带非洲，漂洋过海来到了深圳。为什么吊瓜树的果实又干又硬呢？在原产地有很多的大型食草动物，比如我们熟知的长颈鹿、羚羊、斑马、角马等，吊瓜树为了避免被它们吃掉果实，就进化出非常坚硬、干燥的果皮，这样就可以很好地保护它的后代——果实里面的种子们。

妈妈，
那树上的果子好好吃的样子哟！

孩子，
那果子能吃但崩牙。

在深圳，如果没有遇到台风、暴雨等极端天气，"吊瓜"可以挂在树上很久不掉落。因为它又大又硬，绿化工人时常需要在台风来临之前将"吊瓜"修剪下来，避免高空坠落，误伤游人。

莲花山公园里的吊瓜树

成熟后的"吊瓜"果肉会逐渐的木质化，变得干瘪，果肉内夹杂着许多椭圆形的黑色种子。

"吊瓜"的内部结构

吊瓜树又名吊灯树，其花序从高高的树枝上垂下，犹如一盏西式水晶灯。

花

吊瓜树结果多，果实又干又硬，可以长期保存。取材方便，我们可以拿这些"吊瓜"做些纯天然纪念工艺品、小花盆等。

腊肠树 | *Cassia fistula*

在公园还能发现有些树上吊着一串串"腊肠"，它就是腊肠树的果实。腊肠树原产印度、缅甸、泰国等地区，是泰国的国花。

拿尺子量一下腊肠树的果实，大约有30~50厘米长，果实比较硬。

腊肠树的果实可没有
腊肠的肉香味。

腊肠树的果打开的样子

腊肠树开花时，一串串金黄色的花朵
垂挂下来。花落时，密集如雨，因此又被
叫做"金雨花""黄金雨"。

成熟的果实

新鲜的果实

深圳湾公园里的腊肠树

腊肠树的花
初开时是金黄色的，
开的时间越长
花色越浅。

面包树 | *Artocarpus communis*

在公园里除了"吊瓜""腊肠"外，还能找到"面包"。

笔架山公园里的面包树

小松鼠在啃食面包树果实

面包树果实含有大量的淀粉，煮熟或烤熟后，口感很像面包。

面包树是速生植物，生长非常快，而且果实产量高，太平洋岛屿上的当地人会把它作为主食。

147

　　还有一种猴面包树植物，它与面包树是完全不同的植物。猴面包树是木棉科植物，面包树是桑科植物。

这是猴面包树

树丛中的"动物聚会"

猫尾木 | *Markhamia stipulata*

猫尾木结果的时候，远远看去，就如同几只橘猫抱在树上，垂下毛茸茸的尾巴，这也是猫尾木名字的来源。

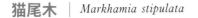

像不像猫的尾巴？
是不是很酷呀？

花

莲花山公园里的猫尾木

在海边，我们还会发现生长在水中的大
叶猫尾木。它的"猫尾巴"是光滑的，不像
猫尾木那样布满茸毛。

大叶猫尾木 | *Dolichandrone spathacea*

猴耳环 | *Archidendron clypearia*

郊野公园中的树上有时会看到红棕色的果子，它们卷曲起来，还悬吊着2~3个黑色饱满的种子，在阳光照耀下，反射出亮闪闪的光芒，犹如吊着黑珍珠的耳环。

猴耳环在亚洲的热带区域都有分布，也是各地重要的药物原材料。如果去翻一翻《本草纲目》，也可以找到猴耳环的身影。

种子

其他有趣的果

气球果 | *Gomphocarpus fruticosus*

气球果的果实披着薄薄的黄绿色果皮，用手指轻轻一掐，我们会发现里面除了种子外，居然没有果肉，圆鼓鼓、轻飘飘很像充气的气球。

气球果的种子上长着长长的白色茸毛，风一吹，四处飘散，跟蒲公英很像。成熟后的种子随风飘散，落地后就能生根发芽。

种子

软刺

气球果的果实上有着一个
一个的软刺，看起来跟一个个
的钉子钉在上面一样，由此又
被叫做钉头果。

153

倒地铃 | *Cardiospermum halicacabum*

　　倒地铃的果实和气球果的果实很相似，蒴果陀螺状倒三角形，内部充满空气，种子较小，附着在果皮上，有心形的种脐。

倒地铃的果实倒挂在藤上，看起来就像一个个小铃铛，因此被叫做倒地铃。

倒地铃是藤本植物，可以攀缘在廊架上。果期，垂吊着一个个可爱的倒三角形小铃铛。风一吹，仿佛能听到风铃的声响，能感受到夏日的凉爽。

小知识

倒地铃的英文名字"balloon vine"，中文翻译是气球藤，正好跟气球果相映成趣。

大家有没有发现，
倒地铃的每一颗种子上都有爱心哟！

炮弹果 | *Crescentia amazonica*

　　深圳湾公园种植着两棵非常有趣的"炮弹树"，夏季开花，秋季成果，圆滚滚、硬梆梆的果实犹如炮弹。

深圳湾公园里的炮弹果树

花

果

炮弹果是老茎开花，
树干挂果。

蜡烛果 | *Aegiceras corniculatum*

　　蜡烛果的胚轴外形像蜡烛，又叫桐花树，白色小花非常可爱，一丛丛像是一个个白色花球，在枝条的末端静静地开着。

小知识

　　蜡烛果是"红树林"家族的一员，这个家族主要生活在海边，整个家族的成员时常密密麻麻的挤在一起，形成一片"海上森林"，可以很好地抵御海边的狂风巨浪。

花

胚轴

深圳湾公园里的蜡烛果

龙珠果 | *Passiflora foetida*

在公园里有时候会看到一种长在蔓藤上的黄色果子，果子外面还有几条毛茸茸的"须"缠裹着，这就是龙珠果。

这个有趣的名字来源于它的果实形态，外面的"须"像龙爪，里面的果像"龙珠"。

这些"须"其实是花的一部分，上面还具有黏糊糊的腺毛。拿放大镜仔细看看毛茸茸的须，是不是有一些小虫子会被粘在上面？这就是龙珠果聪明之处，毛茸茸、黏糊糊的"须"保护了果子，小虫子没办法爬进去偷食"龙珠"了。

花

黏液

腺毛

虫子被粘住

小知识

　　龙珠果在没成熟时候是绿色的，有些会带斑纹，像一个小小的西瓜。

　　龙珠果跟百香果有亲缘关系，它们都来自西番莲大家庭。剖开外果皮，我们会发现，它的果肉、种子以及味道都和百香果相似。

印度紫檀 | *Pterocarpus indicus*

印度紫檀花期极短，有"一日花"之称，花落时，满地金黄，蔚为壮观。

香蜜公园里的印度紫檀

　　荚果的外缘有一圈平展的翅，可帮助种子传播。果实成熟后变暗褐色，很像铜钱。

我就是像铜钱的果。

5

形态奇掬

个个都有"宰相肚"

酒瓶椰 | *Hyophorbe lagenicaulis*

　　酒瓶椰有着巨大的"酒瓶身"，头上戴着一顶用几片"凤冠"装饰的帽子，像是身着盛装的仪仗队，在列队欢迎前来游园的市民朋友们。

小知识

　　酒瓶椰上这些"钩子"会长出花序，结出果实。

果

花

花枝

酒瓶兰 | *Beaucarnea recurvata*

公园里还有一种"盛酒的容器"—— 酒瓶兰。相比酒瓶椰像一瓶西式"香槟"，酒瓶兰更具中国味，像一个埋在地下的酒缸。

美丽异木棉 | *Ceiba speciosa*

　　莲花山公园大门口的美丽异木棉，开花时节，一树繁花。它长着一个巨大的"腹部"，所以又叫大腹木棉。

莲花山公园里的美丽异木棉

象腿树 | 学名：*Moringa drouhardii*

它有着浅灰色的树皮，宛如象腿一样粗壮的树干，原产于非洲。

果

花

象腿树巨大的"储水罐"可贮存大量水分。

莲花山公园里的象腿树

"脱单无望"的植物

光棍树 | *Euphorbia tirucalli*

光棍树也叫做绿玉树、绿珊瑚。与众不同之处在于它的树枝上光秃秃的没有一片叶子。这也是为了适应原产地非洲的干旱气候，减少水分的大量散失。

虽然没了叶子，但它绿色的茎干可以进行光合作用。

小知识

仔细观察光棍树最外围的当年生嫩枝上，能找到几片小小的叶子，这些叶子只是"临时工"，很快就会脱落。

为什么光棍树"没有"叶子？由于光棍树原产地环境干燥，植物为了适应特殊的环境，所以叶子非常细小，呈线形或退化为不明显的鳞片状，甚至脱落，以减少水分蒸发，故常呈无叶状态。枝干圆柱状绿色，代替叶片进行光合作用。类似这种情况的植物还有仙人掌，它的叶子退化成针刺状，仙人掌的刺其实是它退化的叶子。

6

奇妙现象

改变味蕾的果实

神秘果 | *Synsepalum dulcificum*

　　神秘果又叫变味果、奇迹果，它的果实是比枣核略大一点，成熟时鲜红色，它到底有什么神秘的呢？

神秘果的神奇之处在于，食用神秘果后，再食用其他酸味的食品，我们会感觉出甜味，实在是大自然的神奇馈赠。

梅林公园里的神秘果

小知识

　　神秘果产生的甜味，是因为其果实含有特殊的蛋白——神秘果素，神秘果素本身并无甜味，它的变味功能体现在两个方面：一是使酸性物质产生甜味；二是显著地抑制酸性物质的酸味。这种抑制作用对苦味物质也有效，可让苦味明显减低。

可悬空生存的植物

空气凤梨 | *Tillandsia* spp.

在植物王国中，有一种奇特而优美的花卉，它不需要栽种在泥土中，放在空气中喷点水，就能正常生长，这种神奇的植物叫"空气凤梨"。空气凤梨品种繁多、形态各异、花色丰富，可与古树桩、假山石等组成花艺展品，也可将其悬挂在厅堂阳台，时尚清新。

松萝铁兰 | *Tillandsia usneoides*

精心养护，它还会悄然的从叶片中钻出小小的鲜艳花朵。

空气凤梨也有彩叶的品种。

这植物很"嚣张"的存在于植物界，
给它点空气，它就能灿烂。

小知识

　　空气凤梨之所以能在空气中生存，是因为它的叶面上有着许多银灰色的绒毛状鳞片，这些鳞片是盾形凹陷的，空气中的微小水汽会被凹陷处的气孔截获、吸收。水汽中同时含有少量无机物，可以满足它对无机物的需求。

附生植物

　　有这样一类植物，它们多为草本，其根系紧贴在乔木的树干、枝条上，"身体"则悬垂于空中。它们从空气中吸收水分，并从腐烂的树皮、枯枝落叶、尘土或蚂蚁搬运来的泥土以及有机物质等中获得养分。这就是可以形成"空中花园"的附生植物。

附生植物的种类丰富，有蕨类、兰花类、凤梨类等。它们附生在树干、枝条上，姿态各异。深圳公园里常见的附生植物有槲蕨、贴生石韦、崖姜、巢蕨等。

贴生石韦 | *Pyrrosia adnascens*

槲蕨 | *Drynaria roosii*

水陆两栖植物

　　"两栖植物"是指在水中和陆地上都能生活的植物。这类植物最明显的特征是具有发达的通气组织和各种奇特的根系，在潮湿和被水淹没的环境条件下也能轻松进行气体交换。

落羽杉 ｜ *Taxodium distichum*

　　在洪湖公园湖边可以看到一种树形很像松树的植物，叶子像鸟类的羽毛，既能生活在水里，也能生活在陆地上，它就是落羽杉。

洪湖公园里的落羽杉

叶   球果

呼吸根

    当落羽杉长期生活在潮湿或积水环境，为了生存，根部分化出部分细胞向上生长，突破土壤和水面，向空气中生长出呼吸根。这些呼吸根有发达的通气组织，可以有效透出水面、沼泽来"呼吸"，从空气中运输氧气到水面下的其他根系中，从而可以长期耐受水淹。

仙湖植物园里的落羽杉

洪湖公园里的落羽杉

即使是深圳这样的亚热带地区，受到低温的影响，落羽杉也会变成棕红色，呈现出季相变化，与湖水交映，十分壮观。

池杉 | *Taxodium ascendens*

池杉树形高雅，枝叶秀丽，秋冬季的叶呈现棕褐色，是观赏价值很高的园林树种。落羽杉和池杉可通过叶子来区分，落羽杉的小叶是条形，平行排列在小枝的两侧；池杉的小叶是锥形，螺旋形排列在小枝上。

叶　　　　　　　球果　　　　　　　呼吸根

荔枝公园里的池杉

美人蕉 | *Canna indica*

　　在公园的水体边和人工湿地区域，可见到大片花色艳丽的植物——美人蕉。

　　美人蕉可净化水质。它通过吸收水中的氮、磷等营养元素，降低水体的富营养化程度；富集有害重金属，如铅、汞、镉来净化水质，是污水"清道夫"。

我是"清道夫"。

中心公园里的美人蕉

红刺露兜 | *Pandanus utilis*

公园里面有一种果实很像菠萝，叶子细长、下面中脉及边缘具红色锐刺的植物，它就是红刺露兜。它也常生长在海岸滩涂，成丛聚生。

露兜树整体看起来"头重脚轻"，但因为树干基部有很多支撑根，即使台风等极端天气，它在海岸边都可以站得很稳。

花序

是不是
很像地雷？

果

红树植物

红树是生长在热带、亚热带海滩地带的一类木本植物。

红树不红

　　红树植物没有红色的叶子和茎干。但为什么叫红树呢？因为红树植物树干中单宁含量很高，把树皮剥开，可以发现里面茎部是红色的，所以得名红树。

剥开后
就是红色

胎　生

　　有些红树的果实成熟后并不会及时掉落，而是萌发长成幼苗后才"呱呱落地"。常常可以看到一条条绿色的小"笔杆"悬挂在红树的枝条上，这就是它的"胎儿"。从树上掉落到松软的泥土后，运气好会直接插入泥土并很快生根，防止被海水冲走；如果不幸遇到了涨潮，就会历经一段遥远而有趣的大冒险，漂到新的海岸扎根发芽。像笔杆一样的秋茄"果实"，落下后会迅速扎根进入软泥中，生根抽叶，防止被海水冲走。

秋茄落下后会迅速扎根进入泥土，防止被海水冲走。

海桑不是胎生植物，它的果会随海水漂流，寻找新的海岸生长。

秋茄的胚轴，
落在滩涂泥里
扎根生长。

泌盐

受到海水淹浸的红树植物，
为了避免过多盐分堆积在体内，
部分种类的红树植物会通过叶片
的分泌腺体，将含盐的液体排
出。液体在叶子上蒸发后，会析
出白色的盐，这种现象被称为红
树植物的"泌盐现象"。

活泼好动的植物

向日葵 | *Helianthus annuus*

植物生长靠太阳，最验证这句话的植物当属向日葵。

我们常说：葵花朵朵向太阳。那么，向日葵为什么总是跟着太阳转呢！

葵花朵朵向太阳

早晨，向日葵的花盘朝东，生长素就从向阳的一面转移到背阳的一面，背阳的一面组织生长加快，导致向日葵产生向光性弯曲。所以太阳转到哪个方向，向日葵花盘就朝哪个方向。

含羞草 | *Mimosa pudica*

为什么含羞草会害羞？

含羞草是深圳公园中比较常见的植物。当它受到触动时，羽状复叶会立即闭合起来，整个叶柄下垂，呈现出一种"害羞"的样子。含羞草真的"害羞"吗？

它有这种现象，是因为叶柄的基部"叶枕"在作怪。叶枕是由大量"水鼓鼓"的薄壁细胞组成，里面充满水分，它们对刺激的反应非常敏感。当你用手一触含羞草，叶子震动了，叶枕下部的细胞里的水分，就会向上部与两侧流去，大量细胞如同漏气一般变小、变瘪，使得叶柄下垂、合拢。不久后当刺激消失，叶枕下又逐渐充满水分，细胞变大，叶子就重新被"撑起来"，整体张开，恢复原状。

你轻轻的触碰我，
我还是挺害羞的。
但你可别恼（惹火）我，
我也是有脾气的，
我全身带刺的。

小知识

　　这种现象称为"感性运动"。含羞草原产热带的南美洲，有些科学家认为那里天气恶劣，经常有大风大雨，为躲避狂风暴雨带来的伤害，每当雨落到叶子上时，它的叶片就会立即闭合，避免被大雨打断，这是含羞草一种自我保护本领。

食虫植物

在生物界，动物吃植物，这是众所周知的事。可植物吃动物，你听说过？

猪笼草 | *Nepenthes* spp.

由于"猪笼入水，诸事顺利"的美好寓意，使得猪笼草成为最受广东人欢迎的盆栽之一。不同于其他园艺植物拥有美丽的花朵或迷人的叶片，喜欢猪笼草的人是被它那用来捕食昆虫的奇特瓶子所吸引。这个奇特的瓶子就是猪笼草的叶子顶端演化出的特殊结构叶笼，也叫做"捕虫器"，叶笼上有小盖，笼口有蜜腺，内壁有蜡腺，分泌蜡质作为润滑剂，底部有消化腺，分泌弱酸性的消化液。

猪笼草美丽的叶笼具有极高的观赏价值，可以作为室内盆栽观赏，点缀客厅阳台或悬挂于庭园树上，优雅别致，趣味盎然。

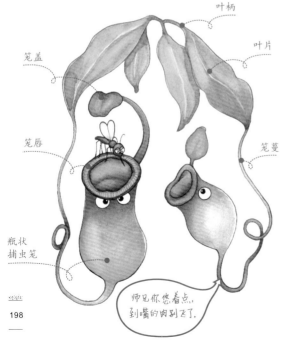

叶柄

叶片

笼盖

笼唇

笼蔓

瓶状
捕虫笼

师兄你悠着点，
到嘴的肉别飞了。

瓶状体是由瓶体和瓶盖组成，猪笼草生长在瓶体顶端的瓶盖内侧生有许多腺体，能分泌蜜糖吸引昆虫和其他小动物过来取食，当嗜糖的虫子被猪笼草的蜜汁吸引时，虫子沿猪笼草笼子的内壁向下吃蜜，当虫子吃饱后准备原路返回时，却因其内壁光滑而无法爬出，最终虫子只能进入到笼子底部。另外，笼底处的尖角是猪笼草的特殊形状和结构，使小虫易进难出，底部角尖部位的昆虫越是挣扎就越卡得紧，直到完全不能动弹，有效地提高了捕虫瓶的捕食效率。

猪笼草的瓶子里面还可以分泌一种可以消化昆虫的消化液，所以瓶状体里的液体就像我们的胃液一样，可以帮助分解食物，最终进入的昆虫被消化液分解被瓶体吸收。

这个神奇的"瓶子"里，
很多秘密需要你去发现。

很多小动物
被吸引进去了

茅膏菜 | *Drosera peltata*

茅膏菜的叶片上长着腺毛，腺毛可分黏液。黏液具有黏着性和消化功能，昆虫触碰到黏液时会被黏住，慢慢被分解吸收。

今天上午又找到一只
餐后甜点。

茅膏菜的叶片腺毛十分敏感，并能够判别来物是不是食物，科学家做过实验，如果放置奶酪在其叶片上，叶片会快速卷起包裹食物，当放置同样大小的玻璃物质时，叶片没有任何反应。并且，捕捉昆虫已经成为茅膏菜重要的营养补充方式。

挖耳草 | *Utricularia bifida*

在郊野公园的湿润区域，比如溪流、湿地水面上，开着小黄花，这是食虫植物挖耳草。

它的名字来自于花，小黄花的形状犹如一个挖耳勺。

偶尔还能发现
这种紫色的挖耳勺。

短梗挖耳草 | *Utricularia caerulea*

小知识

它球形的捕虫囊长在叶器及枝条上，要用放大镜才看得清楚。

这种捕虫囊是用来"兜住"水生小昆虫，可以观察它的结构，非常的精细。

旅人不"焦"

旅人蕉 | *Ravenala madagascariensis*

有了旅人蕉，旅人就不"焦"。

旅人蕉可以贮存大量清水，这和它的树形有关系。叶片左右整齐的排列于茎部，下雨时巨大的叶片承接雨水流入宽大、杯状的叶鞘基部，贮存大量液体。另外，旅人蕉树液还可饮用，能够为沙漠旅行的人提供应急的水源，故而得名旅人蕉。

莲花山公园里的旅人蕉

老茎生花

在深圳的公园，经常能看到在植物老茎和树干上开花的现象，十分神奇。

火烧花 | *Mayodendron igneum*

金黄色火烧花花朵簇生在大枝桠上，远远看去，似火燃烧一样。

莲花山公园里的火烧花

　　老茎生花现象的形成与它们生长的特殊环境有关，热带雨林植物非常丰富，枝叶繁茂。植物的花朵假如开在树冠的枝条上，由于通风不好，昆虫活动不便，必然因缺少传粉的媒介而影响它的结果，正是经过漫长年代的自然选择，"茎花"植物的花朵才改变了开花的位置，由小枝转移到老茎和树杆，因而可以借助于昆虫来传授花粉。

绒果决明 │ *Cassia bakeriana*

　　绒果决明又名花旗木、泰国樱花。开花时期，在舒展开的枝条上开满了粉红色的花朵。

树干挂果

在深圳的公园，不但能看到老茎开花，还能看到树干挂果的现象。

菠萝蜜 | *Artocarpus heterophyllus*

有着热带"水果皇后"之称的菠萝蜜，在粗壮的树干上挂果。

番木瓜 | *Carica papaya*

　　番木瓜有着巨大而深裂的叶子，它们在茎干上的排列体现出了"植物的智慧"。沿着树干，每旋转360度，共生长有3片顺时针或逆时针的叶子。这种螺旋的叶片生长方式再加上长叶柄，可让各个叶片都能吸收到足够阳光。

果实

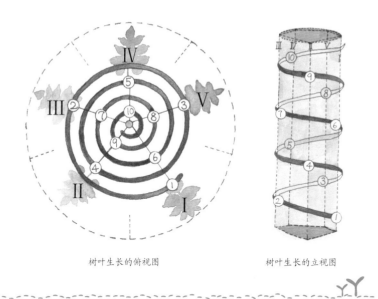

树叶生长的俯视图   树叶生长的立视图

青果榕 ｜ *Ficus variegata*

青果榕在深圳郊野公园沟谷地区常见，成堆的青色榕果着生在树干上，硕果累累，成熟后是昆虫、鸟类的美食。

夜间开花

红花玉蕊 | *Barringtonia acutangula*

红花玉蕊通常在傍晚开花，有着"月下红美人"之称。串串朱红色的花序下垂，仿佛珠帘一般。次日清晨，可见到满地红花。

夜间开花的红花玉蕊是典型的蛾媒花。由于它花朵小小的，香味也不够浓郁，为避免与白天开花的植物争夺传粉的昆虫，选择在夜晚开花，由蛾类充当传粉使者。

傍晚开始开花，晚上花色更艳。

玉蕊 | *Barringtonia racemosa*

玉蕊的花比红花玉蕊的花更大一些，花直径约3~4厘米。

流水浮灯

果

太阳渐渐的落下，
其他植物"关好门窗"开始"睡觉"了。
这时，玉蕊悄悄地开始绽放。

昙花 | *Epiphyllum oxypetalum*

　　昙花属于仙人掌类植物，是典型的夜间开花植物，开花时间非常短，故有"昙花一现"之说。

昙花一现

夜香树 | *Cestrum nocturnum*

夜香树又名夜来香，是制作香水良好的材料。

　　夜香树花瓣上的气孔在空气湿度越大时，会扩展得越大，芳香油挥发得越多，所以晚上散发出的香气更纯、更浓。不但在夜间，在阴雨天，它的香气也比晴天浓。

昼开夜合

　　人类晚上睡眠，有助于第二天恢复精力，那么植物是否也会晚上"睡眠"呢？晚上逛公园时可以见到，常见的豆科植物如含羞草、凤凰木、红绒球等，还有酢浆草等植物的叶子，它们白天叶片张开，夜间合拢或下垂，就仿佛睡着了一样。有些科学家认为"睡眠"对一些植物来说也是必要的，一是夜晚比白天冷，夜晚闭合叶子和花朵，可以躲避寒冷；二是闭合叶片可以可减少水分的蒸发。

太阳渐渐落下，
植物们也"关好门窗"
开始"睡觉"了。

天黑了
红绒球的叶子
合上了

夜晚，不仅植物的叶子看起来犯困，有些花朵似乎也需要"睡眠"来减少水分损失。每日清晨，睡莲的花瓣慢慢在朝阳中舒展开来，仿佛正从甜蜜的梦中苏醒过来；夕阳西下，则闭合花瓣重新进入睡眠。周而复始，直至这朵花凋零沉入水中，所以又被叫做"睡莲"。

天渐渐暗下
睡莲慢慢的合上花瓣
"睡觉"了

小知识

　　植物是如何做到睡眠的动作呢？主要是由昼夜光暗变化引起的植物细胞膨压变化。清晨，叶子开始光合作用，蒸腾作用使得根系加速向叶子、花瓣等部位运水，叶子、花瓣基部的细胞开始膨胀，由于膨压的作用，叶片张开。傍晚太阳落山了，叶子慢慢停止了光合作用，根就放慢了向上运水，基部的细胞就慢慢失水收缩了，叶片也随之下垂或者合拢。

"蜕皮"

动物会蜕皮，植物也会"蜕皮"。

柠檬桉 | *Eucalyptus citriodora*

这层"外套"有点热，换一件新的穿穿。

柠檬桉的茎干内的木质部生长很快，而树皮则生长缓慢，当桉树木质部增大时，树皮（韧皮部）就被撑破、脱落，然后再形成新的韧皮部。

"脱皮"后的柠檬桉

笔架山公园里的柠檬桉

柠檬桉含有大量芳香物质，可提炼芳香油，提神醒脑，驱除蚊虫。

白千层 | *Melaleuca cajuputi* subsp. *cumingiana*

　　白千层树干笔直挺立，层层树皮一身斑驳，仿佛是岁月留下的痕迹。由于树皮生长速度很快，老的树皮还没脱落，新的树皮又长出，将老的树皮推挤到外边，好几层的树皮一层又一层的叠加在一起，仿佛书页一样，所以被叫做白千层。

满树的白花像千万只白色小瓶刷，
与"红瓶刷"是亲戚。

花

白千层最引人注目的是一层层可以剥下来的树皮，是造纸的原材
料，所以又称它是纸树（Paper Tree）。

板根

　　热带雨林中，有许多高耸入云的乔木。它们长得十分高，树冠也很大，如果站的不稳，就很容易被风吹倒。为了支撑自己强大的身躯，茎基部的根像城墙一样的高高隆起并向四周拼命地延伸，于是就形成了非常壮观的大板根景象。

银叶树 | *Heritiera littoralis*

　　银叶树，顾名思义，因叶背面密被银白色鳞片而得名。银叶树庞大的板根能让它牢牢的固定在生长地，既抗风、又耐盐碱、耐水浸，像卫士一样保护着堤岸。

果实

非常突出的板根

长柄银叶树 | *Heritiera angustata*

气生根

　　植物的根并不总是长在土里的，还可以长在地面以上的空中，叫做气生根。它们根据不同的作用可分不同的名字，比如呼吸根、附生根、攀缘根、支柱根等。

　　之前提到的"两栖植物"生长在沼泽、水边的树，部分根从水里向上生长，露出地面，用来呼吸，就是呼吸根；热带森林中的"空中花园"上，兰花、龟背竹等则靠附生根紧紧扒在树木上；爬山虎（爬墙虎）、凌霄（藤罗花）则有着像脚一样的攀援根努力往上爬。

独树成林

榕树 | *Ficus microcarpa*

　　榕树躯干上往往生有许多气生根，它是"一根多用"：除了能吸收空气，让榕树更耐水淹外，当气生根垂挂下来并碰到土壤后，根会不断地变粗、变硬，成为木质支持根，从内向外，可以支撑其他巨大的树冠不断地向外扩展，形成"独树成林"的壮观景色。

深圳湾公园里的榕树

一帘幽梦

锦屏藤 | *Cissus verticillata*

　　锦屏藤是攀缘植物，紫红色气生根垂挂下来，非常漂亮，可营造"一帘幽梦"意境。

7

"十二生肖"

植物中的"十二生肖"

植物也有生肖，很多植物的名字和动物有关，让我们来了解一下植物界的"十二生肖"吧！

鼠尾草 *Salvia* spp.

近几年，深圳公园的花境常见不同的鼠尾草品种，一串串挺拔的花犹如小老鼠的尾巴。

老鼠簕，是红树植物的一种，在深圳湾公园
有分布。

小知识

簕是指"刺"的意思，比如
簕杜鹃、簕仔树等。

叶缘带簕

果

深圳国际园林花卉博览园还种植了两种特别的紫金牛：矮紫金牛和铜盆花。

矮紫金牛 | *Ardisia humilis*

铜盆花 | *Ardisia obtusa*

虎耳草 *Saxifraga stolonifera*

虎耳草的叶片肉质，密布柔软的长腺毛，加上它扁圆形带着浅裂的叶形，犹如一只小老虎的耳朵。有些个体的虎耳草，叶脉呈现银白色，更漂亮了。

虎杖 | *Reynoutria japonica*

虎杖是喜阴植物，通常生长在公园的水溪边灌木丛中。它的茎上布满紫红色斑驳的虎皮纹。

金边虎尾兰 | *Sansevieria trifasciata* var. laurentii

　　金边虎尾兰叶片挺拔，形似宝剑，叶片两面有浅绿色和深绿相间的横向斑带，如同虎纹斑，且叶片边缘金黄色。

兔耳兰 *Cymbidium lancifolium*

它的花苞片犹如小白兔的一对小耳朵。

龙牙花 *Erythrina corallodendron*

每一朵小花最上面的龙骨瓣犹如血红的尖牙。

龙眼的果实圆溜溜，内果皮硬质光滑，乌黑发亮，就像龙的眼睛。

小知识

公园时常混种龙眼和荔枝，没有结果时，怎么分辨它们呢？

龙眼叶背绿色，侧脉明显；小叶4～5对，很少3或6对。荔枝叶背泛白，侧脉不明显；小叶2或3对，较少4对。

看树皮，龙眼的树皮较白，而荔枝的树皮偏灰黑色。

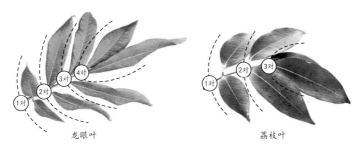

龙眼叶　　　　　　　　　　荔枝叶

蛇舌草 *Hedyotis diffusa*

蛇舌草时常出现在公园的草坪上，它是广东地区著名的凉茶植物。

马缨丹 *Lantana camara*

它又叫"五色梅"，细看它的小花，是不是有好几种颜色？

南山公园里的马缨丹

羊茅草 *Festuca ovina*

羊茅草是公园营造花境的常用植物，一团团、毛茸茸的。有些羊茅草品种叶的颜色还呈现蓝灰色

猴欢喜 *Sloanea Sinensis*

猴欢喜树形美观，果实外被长而密的紫红色刺毛包裹，形似板栗。

鸡冠花 *Celosia cristata*

在公园的花境里，经常可以欣赏到鸡冠花，头上顶着一副火红的鸡冠。

金毛狗 *Cibotium barometz*

郊野公园里有时会见到一种大型的蕨类，它的基部生长有厚厚的金黄色绒毛，是国家级保护植物。

是不是很像金毛狗？

基部

蓝猪耳 *Torenia fournieri*

　　花朵蓝紫色的斑块，似猪的耳朵，故名蓝猪耳。蓝猪耳还有其他颜色的花。

　　在深圳公园里经常用到蓝猪耳来装饰花境，华南地区野外有野生蓝猪耳分布。

虽然你是红红的，
但也只能叫蓝猪耳。

8

仙界来客

神鸟家族

凤凰木 | *Delonix regia*

　　盛花期的凤凰木，时常成为深圳的网红打卡对象，犹如一片火云，凤凰从中浴火而生。

我要是开花，整个公园就没有别的花什么事了，
那是相当的灿烂！

东湖公园里的凤凰木

叶如飞凰之羽，
花若丹凤之冠。

深圳中学的校歌《凤凰花又开》，凤凰花开时，欢送毕业季："蝉声中那南风吹来，校园里凤凰花又开……"

犹如凤凰尾羽的
二回羽状复叶

孔雀木 | *Schefflera elegantissima*

孔雀木狭长的小叶边缘带着锯齿或羽状分裂，幼叶紫红色，远望犹如孔雀的尾羽。

深圳国际园林花卉博览园里的孔雀木

金凤花 | *Caesalpinia pulcherrima*

　　小巧的金凤花时常出现在公园中，细看它的花，也有着凤凰展翅的形状。

神兽家族

龙吐珠 | *Clerodendrum thomsonae*

龙吐珠聚伞形花序，花萼白色，较大，包裹着红色球状的花冠，当花冠开花时，红色球状花冠从白色萼片中伸出，犹如从龙口中吐出红色宝珠。

红萼龙吐珠 | *Clerodendrum speciosum*

龙吐珠最明显的粉白色"花瓣"其实是它的花萼。

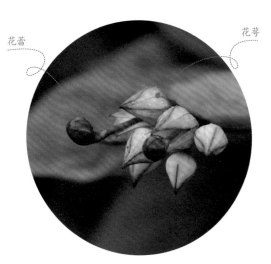

花蕾

花萼

麒麟尾 | *Epipremnum pinnatum*

麒麟尾为藤本植物，常攀附于石头或大树上，幼叶在中肋两侧有小孔洞，成熟时转为羽裂状，形状像麒麟的尾巴。麒麟尾具有很强的攀缘能力，可以攀爬到20多米高的树上。

仙湖植物园里的麒麟尾

盘龙参 | *Spiranthes sinensis*

盘龙参开花时整齐而密集的小花呈螺旋状的排列，在花序轴上看似一条"盘龙"。

像不像中国的
盘龙柱？

香港绶草的花序，也呈螺旋状排列，看似"盘龙"，在深圳公园有分布。

香港绶草 | *Spiranthes hongkongensis*

254

神仙家族

大叶仙茅 | *Curculigo capitulata*

　　大叶仙茅有着大大的纸质叶片，特别是它的叶脉，像折扇的皱褶，非常明显。花黄色，花被裂片卵状长圆形，子房长圆形，花丝短小，花药细长，花药贴附包裹子房。

叶脉上下起伏，像折扇

花

仙客来 | *Cyclamen persicum*

仙客来一词来自学名Cyclamen的音译。它也叫做"兔子花"。

仙客来种类很多，花色丰富，除了在公园用作花境植物，也是常见的室内盆花。

仙人掌 | *Opuntia* spp.

胭脂掌 | *Opuntia cochenillifera*

仙人掌是典型的沙漠植物,绿色的"手掌"上长满了又尖又硬的刺。为了减少水分蒸发,它的叶子演化成坚硬的刺,以适应沙漠缺水高温的环境。

仙湖植物园里的胭脂掌

仙人球 | *Echinopsis* spp.

金琥 | *Echinocactus grusonii*

　　仙人球种类非常多，有的仅仅长几根刺；有的满身白色柔毛；还有的布满金黄色刺，如金琥。

仙湖植物园里的金琥

龙华区

阳台山
森林公园 10

南山区

罗湖区

塘朗山
郊野公园 11

10 11
9
31
梅林
公园

笔架山
公园 9
16 1
24

梅林山
公园

大沙河公园
20 16

4 14
6 莲花山 16
公园

中心
公园
21
16

2
2

6 15
园博园 1

儿童乐园
29

14 1
香蜜公园 24

福田区

深圳湾公园
3 12 14 25

皇岗
公园
23

28

5

南山公园
24 18

1

17 两面针   18 龟背竹

参考文献

佚名，1988.芳香的绿化花木——米仔兰[J].吉林林业科技，(2):47.

崔荣荣，2012.胎生植物——红树[J].初中生辅导，(7):8.

戴云集，韩骅，1984.西双版纳的贝叶棕与贝叶经[J].植物杂志，(5):47.

何莲定，2006.园林香花植物——夜来香和夜香树[J].广东园林，28(3):40-41,45.

何吾，2015.含羞草"害羞"[J].林业与生态，(4)：34-35.

黄少华，徐世松，2008.揭秘旅人蕉[J].中国花卉盆景，(7):7.

黄玉山，1997.广东红树林研究:论文选集[M].北京：科学出版社.

金建忠，1982.热带"茎花"植物[J].自然杂志，(9):706.

柯美玉，陈栩，2018.光对睡莲开花生物钟的调控作用研究[J].中国园艺文摘，(05):21-25.

柯美玉，2018.睡莲开花节律机制探究[D].福州：福建农林大学.

李沛琼，等，2004.深圳园林植物续集（一）[M].北京：中国林业出版社.

李世飞，2007.有趣的食虫植物——茅膏菜[J].生物学教学，32(10):73.

李雪梅，2010.牵牛花做酸碱指示剂的探究[J].中学化学教学参考，(10):45-46.

刘成伦，梁廷霞，2008.神秘果素的研究进展[J].食品研究与开发,29(3):147-150.

罗伟聪，2016.中国无忧花历史文化特性及在华南地区的种植养护研究[J].中国园艺文摘，(6):164-166.

马清温，2008.解密植物世界里的胎生[J].生命世界，(8):18-19.

坪山区

1
19

猴耳环 ⑫ 银叶树 ⑬ 麒麟尾 ⑭ 印度紫檀 ⑮ 锦屏藤 ⑯ 吊瓜树

龙珠果 ㉙ 孔雀木 ㉚ 空气凤梨 ㉛ 神秘果

植物寻宝图

龙岗区

松子坑
森林公园

梧桐山
风景区
11

布心山
公园

围岭公园

⑰ ② 三洲田
⑲ 森林公园

马峦山
郊野公园
⑰ ⑰
⑲

④ 仙湖 ⑩
⑦ 植物园
⑧
东湖 ⑪ ⑬
公园

盐田区

⑱
翠竹
公园
⑩ ㉑

⑳

儿童
④
㉙

罗芳
公园

③ 炮弹果　④ 象腿树　⑤ 秋茄　⑥ 红花玉蕊　⑦ 戟叶鸡蛋花　⑧ 鹿角蕨　⑨ 面包树　⑩ 禾雀花

⑳ 羊蹄甲　㉑ 风车草　㉒ 爆仗竹　㉓ 鹤望兰　㉔ 蓝蝴蝶　㉕ 腊肠树　㉖ 气球果　㉗ 倒地铃

蜜果儿，2011.海边有片红树林[J].小雪花(小学生成长指南),(3):12.

彭锐，梁嘉琦，2018.本草纲目"木绵与岭南·木棉"的考证[J].中药材，41(5):1233-1235.

秦自民，2003.含羞草——植物运动·环境适应[J].环境，(9):34.

深圳市人民政府城市管理办公室，1998.深圳园林植物[M].北京：中国林业出版社.

深圳植物志编辑委员会，2010—2017.深圳植物志[M].北京：中国林业出版社.

沈夏淦，2005.捕食昆虫的猪笼草[J].西南园艺，33(2):53.

陶子，2003.贮水之树——旅人蕉[J].红领巾，(12):40.

王洋，刘艳，2019.泌盐盐生植物泌盐腺研究进展[J].北方农业学报，47(02):15-19.

夏洛特，2017.食虫植物观赏与栽培图鉴[M].北京：人民邮电出版社.

夏洛特，2019.雨林植物观赏与栽培图鉴（修订版）[M].台湾：商周出版社.

徐继立，2016.向日葵向阳之谜[J].阅读,(29):38-39.

叶创兴，等，2014.植物学[M].第2版.北京：高等教育出版社.

于世彬，2011.老茎生花结果——热带雨林奇特生物现象之一[J].花木盆景(花卉园艺)，(3):31-3

于世彬，2011.神秘雄伟的板根——热带雨林的奇特现象[J].花木盆景(花卉园艺)，(4):22-23

张蕾，2008.空气凤梨的引种应用及其生物学特性初步研究[D].兰州：甘肃农业大学.

周琳，蔡友铭，张永春，等，2020. 基于RNA-Seq技术的乒乓菊转录组分析[J]. 分子植物，18(18):5917-5924.

郑君，吴云勇，粟姗姗，等，2015.浅谈食虫植物猪笼草[J].中国园艺文摘，(1)：221-222.

中国科学院中国植物志编辑委员会，1959—2004. 中国植物志[M]. 北京: 北京: 科学出版社

FERRAZ TM, et al.,2016.Comparison between single-leaf and whole-canopy gas exchange measurements in papaya (*Carica papaya* L.) plants[J]. Sci Hortic-Amsterdam,(209):73-78.

JAH NAMAH, et al.,2019.Reproductive biology of the sausage tree (*Kigelia africana*) in Kruger National Park, South Africa[J]. Koedoe - African Protected Area Conservation and Science，61(1):1-7.

WU Z Y, 1994—2004. Flora of China[M]. Beijing: Science Press & St.Louris: Missouri Botanical Garden Press.

YUMIKO HIGUCHI, et al.,2019.Leaf shape deters plant processing by an herbivorous weevil[J].Nature Plants, 5(9):959-964.

致 谢

本书图片主要由参编人员拍摄，为提高图片质量和观赏性，部分精美图片由同行和专业人士提供。其中，香蜜公园提供印度紫檀开花图片；刘永金高级工程师（教授级）提供蜡烛果图片；杨琼高级工程师（教授级）提供红树图片；谢佐桂高级工程师提供火烧花及象腿树果实图片；钟子杰提供东湖公园凤凰木和木棉图片；张万极提供银叶树图片；邱敏婷提供球兰图片；苏洪林提供酒瓶椰开花图片。

王晓明高级工程师（教授级）、刘永金高级工程师（教授级）、王晖博士、邱志敬博士对本书提出了专业审稿意见。

在此一并表示衷心的感谢!

由于水平有限，疏漏甚至错误在所难免，恳请各位读者、专家和朋友不吝赐教。

编著者

2020年10月14日